Mathias Kammüller
Florian Guber

SYNCHRO. Das Buch
Der lange Weg zur Exzellenz
bei TRUMPF

▶LOG_X

Bibliografische Information der Deutschen Bibliothek

Die Deutsche Bibliothek verzeichnet diese Publikation in der Deutschen National-bibliografie. Detaillierte bibliografische Daten sind im Internet abrufbar unter http://dnb.ddb.de

ISBN 978-3-932298-68-4

Umschlag und Satz: Jürgen Rothfuß, Niederstetten
Druck und Buchbindung: W. Kohlhammer Druckerei GmbH + Co. KG
Coverillustration: Justina Trefz, Kornwestheim

Der Inhalt auf einen Blick

Der Inhalt im Detail

Vorwort

Several years ago, after a visit to TRUMPF Headquarter in Ditzingen I was given a small gift, a copy of the life story of Berthold Leibinger1. It was a story of personal commitment and dedication to his company, his region and country and to his family. It was a story of challenge and thankfulness for a wonderful life as a gentleman and an engineer. It also was the story of TRUMPF, full of effort, challenge, success and the relentless pursuit of trying to do, make and be better.

My own story with TRUMPF is itself a strange one. As an engineer I obviously knew of the TRUPMF machines. I was very impressed by them before I ever visited a plant or met any TRUMPF people. Once I visited the Austrian plant together with Hans Kostwein and his World Class Manufacturing Circle activity. We were asked to help, identify any areas for improvement in the plant after a factory tour.

My work is helping people improve. For nearly 20 years I have supported the EU Japan Centre for Industrial Co-Operation, helping people see ways to improve, to understand opportunities for development. I "see" things – a bit like the Matrix! "Who is this crazy Irisher?" I am sure went through the mind of the plant manager in Austria. I saw brilliant effort, systems and people – but I also saw and shared further opportunities for "pushing on". I shared what I had seen.

Two years later I was in Ditzingen, again with the Kostwein Circle activity. Dr. Mathias Kammüller and some plant managers asked me what I had seen and we spent some very interesting and challenging time together. We discussed the "Chicken & Pig" concept and I believe this has contributed in some small way to the development of SYNCHRO PLUS. The questions that I asked was: Were people committed like the pig in the Irish breakfast or just interested, like the chicken, donating an egg for the breakfast.

TRUMPF is an amazing organization. I don't believe they fully understand the progress they have made since the early days. The TRUMPF management team is open to challenge. They look for and go after opportunities, constantly asking "Is it possible to build upon what has gone before?"

I have had the pleasure to know and engage with TRUMPF for many years now. As an engineer it has been a great professional experience and challenge to contribute in

---

1   Berthold Leibinger: Wer wollte eine andere Zeit als diese. Ein Lebensbericht. Hamburg: Murmann Verlag 2010

some small way to such an excellent organization. As a person it has been a highlight of my life to engage with such capable, dedicated and committed people – people who continue to develop the vision of Berthold Leibinger. People who continue to develop and create solutions for problems that many others can't even imagine. People who share and spread their knowledge and expertise for the betterment of society at large.

This book on SYNCHRO is a core part of their latest sharing. Enjoy!

Dublin, November 2017

Richard Keegan

Widmung

Für unseren Kollegen Stephan Fischer.

Ditzingen, November 2017

Dr. Mathias Kammüller und Florian Guber

Kapitel 1:

SYNCHRO. Die Geschichte
Hintergründe und Perspektiven
von Mathias Kammüller

„Experten bestätigten uns, dass wir methodisch sehr gut aufgestellt seien, jedoch beim Thema Führung noch Nachholbedarf hätten. Das führte uns zur Einführung dessen, was wir intern SYNCHRO PLUS nennen und was uns wieder deutliche Produktivitätsfortschritte sowie in letzter Konsequenz eine Verstetigung der Verbesserungsprozesse brachte. Ein wichtiger Baustein war hier das Shopfloor Management als Führungsinstrument."

1.1 Die Vorgeschichte

Am Anfang war die Krise

Als wichtiger Teil der Investitionsgüterindustrie steigt und fällt der Werkzeugmaschinenbau unmittelbar mit den Wellen der Konjunktur. Damit gehört unsere Branche zu den ersten, die von einem Aufschwung profitieren kann – sie wird aber auch von Krisen vergleichsweise früh und hart getroffen. Das galt auch für die frühen 1990er Jahre, in denen nach dem Zusammenbruch der kommunistischen Systeme die gesamte Weltwirtschaft ins Straucheln geriet. Man kann in diesem Zusammenhang also durchaus von einer Weltwirtschaftskrise sprechen, mit dramatischen Folgen für den Werkzeugmaschinenbau. Nach annähernd 40 Jahren anhaltenden Wachstums brachen die Umsätze branchenweit um bis zu 50 Prozent ein. Obwohl TRUMPF mit einem Minus von 15 Prozent dabei noch vergleichsweise gut wegkam, nahm die Krise auch für uns bedrohliche Ausmaße an.

Wie für die meisten anderen Betriebe kam die Rezession auch für uns überraschend. Niemand war nach den Jahrzehnten des Aufschwungs wirklich auf den Einbruch vorbereitet. Konkret brachte die Krise für TRUMPF zwei Verlustjahre, die in der Konsequenz auch zur Entlassung von Mitarbeitern führten. Für uns ein Novum und eine sehr einschneidende Erfahrung. Für ein Familienunternehmen wie TRUMPF war die Situation vor allem deshalb so bedrohlich, weil die Eigenkapitalquote unter einen kritischen Wert sank und manche Banken, man muss es so deutlich sagen, damals wenig Entgegenkommen zeigten. Darauf, warum das Eigenkapital für uns so wichtig ist, werde ich weiter unten noch zu sprechen kommen.

Ich selbst war zu diesem Zeitpunkt noch neu im Unternehmen, die Krise hat mich und die anderen Geschäftsführer sehr stark geprägt. Wir waren uns einig, dass Ähnliches nicht mehr passieren sollte. Eine Erkenntnis war, dass es nicht reicht, innovative Produkte auf den Markt zu bringen, sondern dass Innovationen auch in der Organisation und den Prozessen existenziell wichtig sind. Es gilt, in vielen Bereichen und Handlungsfeldern des Unternehmens neue Wege zu finden – bis hin zu dem Anspruch ein „ganzheitlich innovatives Unternehmen" zu sein (vgl. Bild 1-1).

Innovation und Veränderung

In der Technik wird Innovation, wie bereits angedeutet, häufig auf die Entwicklung neuer Produkte und Technologien begrenzt. Aus dieser Sicht stellt der Einsatz von Lasern bei der Blechbearbeitung eine so genannte Sprunginnovation dar. Diese Art von Innovation verschafft einem Unternehmen Wettbewerbsvorteile, die es für den wirtschaftlichen Erfolg nutzen kann. Doch sind diese Vorteile nicht von Dauer: Der

Wettbewerb schläft nicht und technologischer Vorsprung ist gerade im Zeitalter der Globalisierung keine „Lebensversicherung" mehr. Die erste Konsequenz daraus ist, das Innovationsverständnis auf das gesamte Unternehmen auszudehnen.

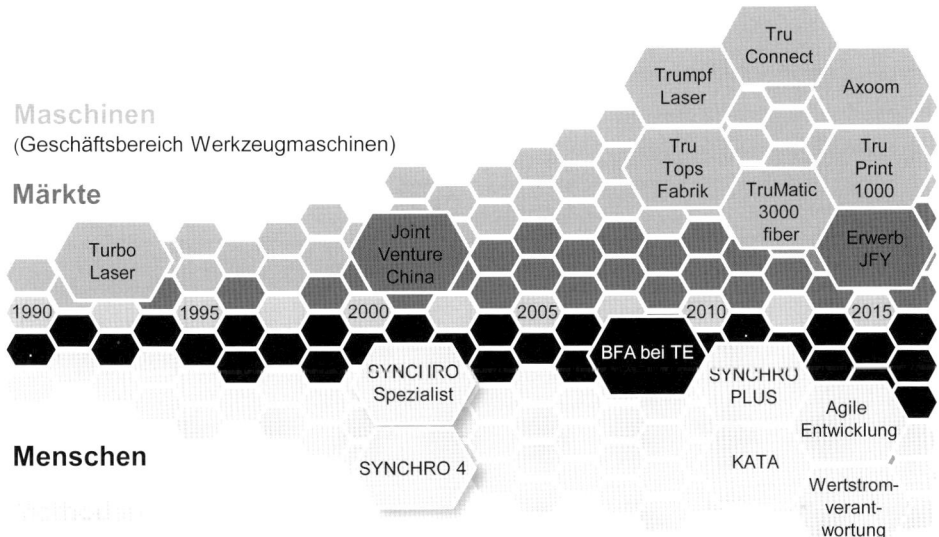

Bild 1-1: SYNCHRO und Innovation

SYNCHRO, das Thema dieses Buches, ist in diesem Zusammenhang als wesentlicher Teil der ganzheitlichen Innovationsstrategie im Unternehmen TRUMPF zu sehen. Warum das so ist, erklärt eine Bemerkung aus einer früheren Publikation zum Thema: Mit dem Begriff SYNCHRO assoziiert man Synchronisation, also Gleichzeitigkeit bzw. Abstimmung. Genau darum geht es. SYNCHRO ist die optimale Abstimmung – sprich Synchronisation – von Mensch, Maschine, Methoden und Markt (vgl. auch Kammüller 2003, S. 166).

Das Bild drückt aus, dass Innovationen faktisch überall im Unternehmen stattfinden müssen. Gleichzeitig verweist es auf die großen Veränderungsprogramme im Unternehmen und dessen Umfeld. Das Spektrum reicht von den nach wie vor essenziellen Produktinnovationen über die Internationalisierungsstrategie und Management-Themen bis zu den Strukturen und Prozessen der Organisation.

Allein die ständige Weiterentwicklung des obigen Bildes im Verlauf der vergangenen Jahre zeigt, wie dynamisch die Entwicklung auf allen vier genannten Feldern ist. Innovation heißt Veränderung – und Veränderung prägt das unternehmerische Handeln auf allen Ebenen. Anders ausgedrückt wird die Fähigkeit zu ständiger Innovation und permanenter Veränderung zu einer Kernkompetenz.

Fraktale Organisation als Start

Aus Sicht der Organisation begannen wir nach der Krise zu Beginn der 90er Jahre damit, die verrichtungsorientierte Organisation in eine so genannte fraktale Organisation zu verwandeln. Diese Organisationsform geht zurück auf die Überlegungen von Professor Hans-Jürgen Warnecke und basiert unter anderem darauf, die Verantwortung näher an die Prozesse zu bringen und in den einzelnen Organisationseinheiten mehr Selbstorganisation zuzulassen (Warnecke 1992). Mit diesen Produktionseinheiten und der ganzheitlichen Sicht auf die Innovation haben wir in Summe viel erreicht. Das Unternehmen erlebte fünf erfolgreiche Jahre mit guten wirtschaftlichen Ergebnissen. Der Boden für die nächsten Innovationen war bereitet.

Das Lean-Zeitalter beginnt

Ungefähr zeitgleich mit der globalen Krise zu Beginn der 1990er Jahre wurde ein Konzept bekannt, das ein neues Management-Zeitalter einläutete. In einer Studie des Massachusetts Institute of Technology (MIT) wurden europäische, amerikanische und japanische Automobilhersteller systematisch miteinander verglichen. Mit dem Resultat, dass japanische Vorreiter, allen voran Toyota, gegenüber ihren westlichen Konkurrenten teilweise deutlich Vorteile hatten, was Qualität und Produktivität anbelangte. In Summe konnten diese japanischen Betriebe mit einem wesentlich geringeren Aufwand wesentlich bessere Ergebnisse erzielen. Die Autoren der Studie, James Womack und Daniel T. Jones, machten dafür ein Produktions- und Managementkonzept verantwortlich, das sie als Lean Production bezeichneten, die schlanke Produktion. Der Geist war aus der Flasche.

Man kann nicht behaupten, dass diese Erkenntnis zu einer sofortigen sprunghaften Verbreitung der schlanken Produktion geführt habe. Selbst in Japan trieb nur eine Minderheit der Unternehmen Lean wirklich konsequent voran – was dort, ebenso wie in Europa und den Vereinigten Staaten bis heute unverändert gilt. Mitverantwortlich für diese Zurückhaltung war die Aussage, Lean würde im Automobilbau und der dort vorherrschenden Massenfertigung funktionieren, in anderen Branchen dagegen nicht.

Wir bei TRUMPF stießen erst dann ernsthaft auf die Lean-Ideen, als sich die Erfolgskurve der neuen Produktionsorganisation abzuflachen begann. Nach den genannten fünf erfolgreichen Jahren trat eine gewisse Sättigung und Verkrustung ein, wir begannen zu überlegen, worin ein nächster großer Schritt bestehen könnte.

Die Initialzündung

Die große Veränderungswelle begann zunächst eher unscheinbar mit dem Besuch zweier Werksleiter auf einem Seminar des japanischen Lean-Experten Hiroshi Takeda.

Kurzum: Die Herren waren begeistert. Bei der Rückkehr ins Unternehmen priesen sie die Seminarinhalte derart euphorisch an, dass wir beschlossen, Herrn Takeda zu einem internen Workshop für alle Werksleiter einzuladen. Dieser Workshop fand im Januar 1998 in Ditzingen statt und man kann ohne Übertreibung behaupten, dass damit eine neue Ära ihren Anfang nahm. Die Aktennotiz mit dem Seminarbericht aus dem Jahr 1997, der den Anstoß gab, liegt mir noch immer vor und wird aus gutem Grunde in Ehren gehalten.

Der interne Workshop befasste sich schwerpunktmäßig mit drei Themen: 1. der Fließmontage der Schneidköpfe für die Lasermaschinen; 2. der Rüstoptimierung und 3. dem Thema 5S.

Durchbrüche und sonstige Erfahrungen

Die Umstellung der Schneidkopf-Montage auf das Fließprinzip als Erfolg zu bezeichnen, wäre beinahe untertrieben. Es war ein Durchbruch. Bis zum Januar 1998 wurden die Schneidköpfe mit ihren ungefähr 100 Teilen in Zehnerlosen montiert. Mit der Begründung, das müsse so sein, weil es zu lang dauere, die Teile aus dem Lager auszufassen. Um die Geschichte abzukürzen: Unter der tatkräftigen Ägide von Hiroshi Takeda wurde in drei Tagen eine Fließlinie mit vier Stationen aufgebaut, die die Durchlaufzeit der Schneidköpfe von zuvor 25 Stunden pro Los auf 1,5 Stunden für den einzelnen Schneidkopf reduzierte. Die reine Montagezeit pro Schneidkopf konnte unmittelbar von 2,5 Stunden auf diese 1,5 Stunden reduziert werden – bei einem Takt von 20 Minuten je Station. Dieses Ergebnis war für die Werksleiter erstaunlich, für die Monteure nur schwer zu akzeptieren. Aber wahr.

Weniger effektvoll verliefen die Rüstworkshops. Hier hatten wir den Fehler begangen, nicht die Engpässe zu suchen und zu beheben, sondern das Rüsten eher allgemein abzuhandeln. Die faktisch erzielten Zeitgewinne blieben im laufenden Betrieb ohne echten Effekt und wurden von den Mitarbeitern mit Achselzucken quittiert.

Auf gute Resonanz wiederum stießen die 5S-Workshops, deren Effekte eben unmittelbar ersichtlich werden. Lapidar gesagt, sind Ordnung und Sauberkeit immer erstrebenswert und niemand wird ernsthaft ihren Wert bestreiten.

In Summe waren die Werksleiter so begeistert von dem Workshop, dass sie es kaum erwarten konnten, in ihre Werke zurückzukommen und mit der Umsetzung zu beginnen. Jeder auf seine Weise und auf entsprechend individuellen Wegen. Was nun auch nicht ganz „im Sinne des Erfinders" war, weil wir von Beginn an einen unternehmensweiten Lösungsstandard im Blick hatten und eine zu große Vielfalt von Lösungsinseln vermeiden wollten. Dies führte uns sehr schnell dazu, eine eigene Lean-Organisation aufzubauen und dem Konzept einen eigenen Namen zu geben: SYNCHRO.

In der Startphase bestand die SYNCHRO-Organisation aus einem freigestellten SYNCHRO-Spezialisten je Produktionseinheit von 100 Mitarbeitern, dem zusätzlich ein so genannter Umsetzer zur Seite gestellt wurde. Letzterer hatte die Aufgabe, die erarbeiteten Konzepte durch den Bau von Vorrichtungen direkt in den Betrieb zu überführen. Diese rudimentäre Organisation entstand in kurzer Zeit und hat sich in der ersten SYNCHRO-Phase gut bewährt.

Der Name SYNCHRO entsprang eher aus einem Zufall heraus, der sich in der Rückschau als durchaus glücklich erwiesen hat. Hätten wir das Konzept nach dem Muster einiger Konzerne als TRUMPF-Produktionssystem bezeichnet, wäre damit schon sprachlich eine Barriere für die Übertragung in die Büro-Bereiche des Unternehmens entstanden. Dieser Übergang war schwierig genug – was noch zu zeigen sein wird.

Gute Governance als Erfolgsfaktor

Neben den organisatorischen Weichenstellungen erwies es sich als ein Erfolgsfaktor für SYNCHRO, dass wir von Beginn an auf eine gute Governance gesetzt haben. Wesentlich war dabei sicherlich, dass ich selbst von Anfang an die Leitung des Programmes übernommen habe. Kernteamsitzungen fanden, koordiniert durch meine direkten Assistenten, monatlich statt. Feste Mitglieder des Kernteams waren neben dem SYNCHRO-Leiter die Werksleiter (allerdings in wechselnder Folge) sowie der Einkauf. Die SYNCHRO-Organisation verfügte noch über kein zentrales Back-Office, sondern war zunächst dezentral angelegt. Die SYNCHRO Consulting in ihrer derzeitigen Form entstand erst später.

Wir achteten darauf, nur sehr gut qualifizierte Mitarbeiter (heute würde man von Top-Talenten sprechen) zu SYNCHRO-Spezialisten zu machen. Das barg jedoch die latente Gefahr, dass diese Mitarbeiter vor Ort für alle möglichen anderen Tätigkeiten herangezogen wurden. Dieser drohenden Verwässerung der SYNCHRO-Kernaufgaben begegneten wir, indem wir die Spezialisten direkt den Werksleitern zuordneten, womit wiederum die zentrale Governance gewahrt wurde.

SYNCHRO im Büro, ein Meilenstein

Ein wichtiger Meilenstein der Gesamtentwicklung war der Übergang von SYNCHRO in die Büros. Hier hatten wir eine Vorgehensweise in vier Phasen gefunden, die sich bei der Einführung in Summe bewährte. Allerdings ohne für echte Nachhaltigkeit zu sorgen, das sei der Ehrlichkeit halber erwähnt.

Die erste Stufe bestand darin, die einzelnen Arbeitsplätze nach den Kriterien von Sauberkeit und Ordnung (5S) zu gestalten, sich von Unnötigem zu trennen, die Arbeitsmittel zu reduzieren, die Arbeit zu organisieren, beispielsweise durch vereinfachte und einheitliche Ablage.

Der zweite Schritt erstreckte sich auf die Abteilungen. Hier wurden gemeinsame Standards etabliert (z.B. Dokumentation), Verantwortlichkeiten geregelt und organisatorische Regeln vereinbart (z.B. Abwesenheit).

In der dritten Stufe machten wir uns an die Optimierung der Prozesse, um dann, viertens, Nachhaltigkeit durch Kennzahlen zu erreichen. Wie schon erwähnt, ist uns dieser letzte Schritt zunächst nicht wirklich gelungen. Hauptursache war, dass man sich nicht mit den wichtigsten Prozessen beschäftigt und die Kennzahlen erst im Nachhinein eingeführt hatte. Mittlerweile haben wir gelernt, dass zuerst ein Messsystem mit Kennzahlen entwickelt werden muss und damit an die richtigen Prozesse zu gehen, um deren Schwächen und Verschwendungsquellen zu finden. Es macht nur wenig Sinn, unwichtige oder suboptimale Prozesse aufwändig zu messen und im Sinne der Kontinuierlichen Verbesserung zu optimieren. Im Gegenteil: So verursacht man Verschwendung, anstatt sie zu beseitigen. Wie in der Fabrik müssen auch im Büro die wichtigen sowie richtigen Prozesse identifiziert und zum Fließen gebracht werden. Erst dann kann eine nachhaltige Optimierung im SYNCHRO-Sinne ansetzen.

Dennoch bleibt SYNCHRO im Büro eine schwierige Aufgabe. Die Prozesse unterscheiden sich teilweise sehr stark voneinander. Unterschiedlichkeit und Komplexität liegen hier in der Natur der Sache, was den optimierenden Zugang erschwert. Eine neue Chance ergibt sich im Zusammenhang mit der Einführung von Shopfloor Management in den indirekten Bereichen. Eine Maßnahme, mit der wir die Etablierung von SYNCHRO-Führungsprinzipien anstreben, die uns letztlich zu einem nachhaltigen System bringen sollen. Den endgültigen Durchbruch erwarten wir uns im Zusammenhang mit der Digitalisierung, die eine durchgängige Standardisierung der Büro-Prozesse erneut auf die Tagesordnung bringt. Die Aufgabe bleibt anspruchsvoll, darüber sind wir uns durchaus im Klaren.

SYNCHRO als Teil der Unternehmensentwicklung

SYNCHRO ist Teil der ganzheitlichen Innovationsstrategie bei TRUMPF. Aus einem erweiterten Blickwinkel ist es zudem ein wichtiger Bestandteil der gesamten Unternehmensentwicklung. Diese Entwicklung unterlag und unterliegt bei einem Familienunternehmen, namentlich wenn es im Werkzeugmaschinenbau tätig ist, besonderen Bedingungen. Wer die Bedeutung von SYNCHRO verstehen will, muss auch diese Rahmenbedingungen kennen.

Professor Berthold Leibinger beschreibt in seinem Buch „Erfahrungen, Erfolge, Entwicklungen" die Situation der internationalen Werkzeugmaschinenhersteller aus einer historischen Perspektive (Leibinger 2014). Dabei stellt er fest, dass es für Unternehmen dieser Branche zwei sehr kritische Pfade gab und gibt. Einige vormals erfolgreiche Unternehmen beschritten den ersten Pfad und wurden Teil so genannter Konzern-Konglomerate und verloren damit nicht nur ihre Selbstständigkeit, sondern darüber hinaus ihre Existenz. Ein bekanntes Beispiel ist die vormals in Ludwigsburg ansässige Firma Hüller, die vom erfolgreichen Mittelständler zum Sanierungsfall eines Großkonzerns mutierte und schließlich ganz vom Markt verschwand. Nicht weniger bedrohlich ist der zweite Pfad: eine Flucht in die Arme der Finanzindustrie. Finanziers, die ein Unternehmen übernehmen, halten nicht sehr viel von Innovationen, weil diese kurzfristig auf das operative Ergebnis drücken. Die von Prof. Leibinger so bezeichneten „Opfer der Finanzindustrie" würden das bestätigen, wenn sie das noch könnten. Doch leider sind auch vormals führende Unternehmen wie Burgmaster erloschen – trotz oder wegen der tatkräftigen Unterstützung durch die Finanzindustrie.

Deshalb, so das naheliegende Fazit, ist die wirtschaftliche Unabhängigkeit gerade für Hersteller von Werkzeugmaschinen ein sehr wichtiger Erfolgsfaktor. Dieser Erfolgsfaktor hat bei einem Familienunternehmen sehr viel mit der Rendite und der Eigenkapitalquote zu tun. Ein kurzer Überblick.

Die wirtschaftlichen Fakten

„TRUMPF kann seine Marktführerschaft dauerhaft nur behaupten, wenn das Unternehmen immer wieder innovative und hochwertige Produkte auf den Markt bringt und verkauft. Investitionen, zum Beispiel in neue Produktionsanlagen, sind daher wichtig, aber jede Investition muss gut überlegt sein. Investitionen sollten nur getätigt werden, wenn zu erwarten ist, dass der entstehende zusätzliche Umsatz alle Kosten – auch die Kapitalkosten – decken wird. (...)

Jedes Unternehmen braucht finanzielle Mittel. Damit wird das Gehalt der Mitarbeiter bezahlt, das Material, das für die Herstellung von Produkten notwendig ist, sowie in Gebäude, Maschinen und Forschung und Entwicklung investiert.

Das Vermögen von TRUMPF, das unter anderem aus Gebäuden, Produktionsanlagen und Vorräten besteht, wird großteils von den Gesellschaftern finanziert. Fremdkapital von Banken spielt kaum eine Rolle. Das ist positiv, denn so besteht eine hohe unternehmerische Unabhängigkeit und nur geringe Zinsen an Externe werden fällig.

Aber auch Eigenkapital gibt es nicht umsonst, es kostet. Bei TRUMPF besteht folgerichtig der größte Teil der Kapitalkosten in der Verzinsung des Eigenkapitals. Eine hohe Mindestverzinsung ist notwendig, da die Gesellschafter das volle unternehmerische Risiko von TRUMPF tragen und TRUMPF in risikobehafteten Märkten tätig ist. Nur durch die Verzinsung des Eigenkapitals kann sichergestellt werden, dass TRUMPF mögliche Krisen auch ohne Hilfe fremder Investoren übersteht und nachhaltig in innovative Produkte investieren kann.

Der Gewinn, der durch die hohe Mindestverzinsung des Eigenkapitals entsteht, bleibt überwiegend im Unternehmen. Die Gesellschafter stellen es TRUMPF langfristig zur Verfügung. Durch die Reinvestition ins Unternehmen erhofft sich die Unternehmerfamilie einen langfristig positiven Wertbeitrag. Je höher der Gewinn oder je geringer die Kapitalkosten, desto höher ist der Wertbeitrag.

Nur so bleibt TRUMPF Innovationsgarant und stellt seine Marktführerschaft und Unabhängigkeit sicher."

Quelle: impulse 22/2017 (Mitarbeitermagazin)

SYNCHRO schafft Wert

Ein entscheidender Faktor zur Verbesserung der Wirtschaftlichkeit bzw. des Wertbeitrages ist das so genannte Working Capital. Unter Working Capital versteht man das Kapital, das im gesamten Wertschöpfungsprozess gebunden ist: von Zahlungsausgängen an unsere Lieferanten über Vorräte – sprich Waren und Erzeugnisse, die wir in der Produktion benötigen – bis zum vollständigen Zahlungseingang seitens unserer Kunden. Zukünftig wollen wir unsere Wachstumsziele mit wenig Working Capital erreichen.

Dass SYNCHRO hier eine zentrale Rolle spielt, liegt auf der Hand. Erstens gehört es zu den Grundbestandteilen aller Lean-Programme, die Bestände um Größenordnungen zu senken. Und zweitens fokussiert SYNCHRO, wie bereits an den ersten Beispielen wie der Schneidkopfmontage gezeigt, stark auf eine Verkürzung der Durchlaufzeiten. Und diese sind wesentlicher Teil dessen, was neudeutsch „Order-to-Cash-Cycle" heißt. Der Zeit von der Bestellung des Kunden bis zum Zahlungseingang der Rechnung an denselben.

Damit fügt sich das Ganze zu einem zwar komplexen, aber doch schlüssigen Bild: SYNCHRO gehört zu TRUMPF wie Maschinen, Märkte und Methoden. Und vor allem wie die Menschen.

1.2 Gelebte Erfahrung

Fort- und Rückschritte

Mit Innovation und Fortschritt ist die Vorstellung verbunden, die Entwicklung verlaufe immer nur in eine Richtung: aufwärts. Die Realität zeigt jedoch, dass auch mit erfolgreichen Veränderungen Rückschläge und wertvolle Lernerfahrungen verbunden sind. Dazu gehört der Umgang mit Widerständen, wie sie in einer Organisation bei jeder Veränderung auftreten. Entscheidend ist, wie mit diesen Widerständen umgegangen wird.

Veränderungen richtig managen

In den frühen Jahren der SYNCHRO-Einführung haben wir sehr darauf geachtet, das Management aktiv in die Veränderung einzubeziehen. Die Kaskade von der Geschäftsleitung über die Werksleiter bis zu den Leitern der Produktionseinheiten (PE-Leiter) funktionierte reibungslos, die Governance war, wie oben beschrieben, gewährleistet. Allerdings hatten wir es versäumt, das mittlere Management, also die Team- und Gruppenleiter als entscheidende Bindeglieder nahtlos in die Veränderung zu integrieren. Mit der Konsequenz, dass ein Teil der Mitarbeiter förmlich abgehängt wurde.

In diesen Zusammenhang gehört beispielsweise, dass wir eine Zeitlang aus dem SYNCHRO-Kernteam heraus jährliche Tagungen aller SYNCHRO-Spezialisten und Werksleiter organisierten. Um diese Anlässe nicht zu sehr aufzublähen, verzichteten wir darauf, die Leiter von Produktionseinheiten, Abteilungen oder Gruppen ebenfalls einzuladen. Was sich in der Rückschau als problematisch erwiesen hat – wir haben es an dieser Stelle versäumt, frühzeitig eine stabile Brücke zu allen Führungskräften und Mitarbeitern zu bauen.

Um nicht falsch verstanden zu werden: Wir haben durchaus darauf geachtet, die Mitarbeiter über die Entwicklungen zu informieren, doch reicht dies eben in den seltensten Fällen aus. Bezugspunkte erfolgreicher und nachhaltiger Veränderung sind für uns weniger die Unternehmen, die hier, ohne Namen zu nennen, sehr dirigistisch vorgehen und eher nach dem Motto „friss oder stirb" handeln. Wir orientieren uns eher an Firmen wie Toyota, die den Mitarbeiter nicht nur in Sonntagsreden in den Mittelpunkt stellen, sondern im täglichen Handeln. Auch und vor allem in Veränderungsprozessen.

In einer späteren Phase erwies sich die Gründung und zunehmende Professionalisierung der SYNCHRO Consulting als außerordentlich hilfreich für den Veränderungsprozess. Zum einen hatten die Werksleiter mit den Beratern direkte fachliche Sparringspartner aus der zentralen Organisation. Zum anderen etablierten wir regelmäßige SYNCHRO-Audits, die als Benchmarking-Instrument dienen konnten und den Ehrgeiz der Werke förderten, nicht den Anschluss an die Entwicklung zu verlieren.

Die Politik der großen Schritte

Bereits die erste Veränderung bei SYNCHRO, die Umstellung von der Standplatz- zur Fließmontage, war eher ein Sprung als ein einfacher Schritt. Und das galt nicht nur im Hinblick auf Leistungsdaten – Arbeitsorganisation und Arbeitsweisen veränderten sich ebenso sprunghaft, Bewährtes verlor seinen Wert, Gewohnheiten der Mitarbeiter wurden obsolet.

Hinzu kam, dass wir diese Veränderung vergleichsweise schnell und flächendeckend umsetzten. Bereits 1999 war die Montage in unserem österreichischen Werk in Pasching komplett umgestellt, die anderen Werke folgten. 2004 wurde in allen TRUMPF-Werken nach dem Fließprinzip montiert. Damit erreichten wir einen sehr starken „Optimierungshub" hinsichtlich Durchlaufzeiten, Qualität und Liefergenauigkeit. Aber, wie gesagt, wir verursachten auch Ablehnung und Widerstände bei der Belegschaft.

„SYNCHRO bedeutet auch Kulturwandel"
Andreas Schulz, Werksleiter TRUMPF Ditzingen

„Die Realisierung des Fließprinzips begann mit Schneidköpfen, also mit vergleichsweise kleinen und leichten Komponenten einer Maschine. Die entscheidende Frage war, wie sich dieses Prinzip mit kompletten, bis zu 28 Tonnen schweren Maschinen umsetzen ließe – zumal die Möglichkeit der Taktung ebenfalls gegeben sein musste. Die gefundene Lösung waren die mittlerweile in der Fachwelt bekannten Luftkissen, die durchaus eine Leuchtturmwirkung hatten. Die Vorstellung, tonnenschwere Maschinen auf einem Luftkissen zum Schweben zu bringen und durch die Halle zu bewegen, übt auch in der Rückschau noch eine Faszination aus.

Die Effekte der Umstellung stellten sich vergleichsweise schnell ein und waren vor allem signifikant. Teilweise konnten wir die Durchlaufzeiten von 56 Tagen auf 10 Tage verkürzen. Das überzeugte auch die Skeptiker, die im Vorfeld wirtschaftliche Bedenken geäußert hatten.

Neben den direkten Effekten hatte die getaktete Fließmontage der Maschinen eine Reihe weiterer Auswirkungen, die wir so nicht vorhergesehen hatten. So stieg die Bedeutung der Vormontagen – auf Kosten der Endmontagen bzw. der Monteure. Bei einer Standplatzmontage ist der Endmonteur derjenige, der die letzte Schraube andreht und die letzten Prüfungen an ‚seiner' Maschine macht. Die Verlagerung von Arbeitsinhalten und Qualitätskontrollen auf die Vormontagen minderte den ‚Heldenstatus' der Endmonteure, die zuvor die heimlichen Herrscher der Montage waren. Dieser Bedeutungsverlust führte teilweise zu Widerständen, die wir aber überwinden konnten. Mittlerweile hat hier ein Paradigmenwechsel stattgefunden, die Arbeit an den Baugruppenmontagen wird als mindestens gleichwertig empfunden und von Teilen der (jüngeren) Belegschaft sogar bevorzugt. Man kann dies durchaus als einen kulturellen Wandel beschreiben."

Das Gespräch suchen

Die frühen Phasen der Umstellung führten in allen Werken zu Irritationen und Diskussionen mit den betroffenen Mitarbeitern. Also suchten wir mit den jeweils größten Skeptikern das Gespräch. Die Wortführer lud ich persönlich zu mir ein, hörte mir ihre Bedenken an und versuchte sie argumentativ vom Nutzen der Veränderung zu überzeugen. Ein wesentlicher Einwand der Mitarbeiter lief darauf hinaus, dass die neue Arbeitsorganisation ihre persönlichen Freiheiten einschränke. In früheren Zeiten konnte man bestimmte Zeitfenster, beispielsweise den Montagvormittag, für weniger anstrengende Nebentätigkeiten nutzen. Man suchte fehlendes Material oder kümmerte sich darum, lose Bleche festzuschrauben. In der neuen Welt musste man von der ersten Minute an auf Leistungstemperatur sein und Stanzköpfe im Takt mikrometergenau montieren.

An dieser Stelle konnte ich nicht mehr tun, als mir die Argumente anzuhören, den Verlust an Freiheitsgraden zu bestätigen und die wirtschaftliche Notwendigkeit als Argument ins Feld zu führen. „Leute, ich verstehe Eure Sicht, dennoch geht es nicht anders. Wir müssen wirtschaftlich arbeiten, die Folgen der Krise 1990 bis 1994 dürfen sich nicht wiederholen." Um es kurz zu machen: Diese Offenheit zeigte Wirkung, man fügte sich ins Unvermeidliche und begann, sich mit den neuen Verhältnissen anzufreunden. Heute wünscht sich niemand die alte Welt zurück.

Dennoch liegt auch hier noch Arbeit vor uns. Das tiefe Verständnis für die Ziele, Hintergründe und Prinzipien von SYNCHRO ist noch nicht überall im gewünschten Maß vorhanden. Das ist einer der Gründe, weshalb wir unser Programm an SYNCHRO-Schulungen und Trainings weiterhin mit hohem Aufwand betreiben.

Nach der Krise ist vor der Krise

In der öffentlichen Wahrnehmung war die so genannte „Lehman-Krise" der Jahre 2008ff. wesentlich dramatischer als die vorhergehenden Abschwünge. Das Unternehmen TRUMPF dagegen hat diese jüngste Finanzmarktkrise vergleichsweise gut überstanden. Dafür waren unter anderem die mittlerweile vereinbarte Flexibilisierung der Arbeitszeiten sowie unsere „Personalpolitischen Grundsätze" verantwortlich, die sehr zu einer Beruhigung der Gemüter beitrugen. (Darüber später mehr.) Wie gesagt: Wir kamen weitgehend unbeschadet aus dieser weltweiten Rezession heraus.

Neuen Schwung holen

Obwohl wir die Lehman-Krise in Summe gut überstanden haben, lässt sich doch feststellen, dass in den Jahren nach 2008 eine Phase begann, in der unsere durch SYNCHRO gemachten Fortschritte langsamer wurden. Experten bestätigten uns, dass wir methodisch sehr gut aufgestellt seien, jedoch beim Thema Führung noch Nachholbedarf hätten. Das führte uns zur Einführung dessen, was wir intern SYNCHRO PLUS nennen und was uns wieder deutliche Produktivitätsfortschritte sowie in letzter Konsequenz eine Verstetigung der Verbesserungsprozesse brachte. Ein wichtiger Baustein war hier das Shopfloor Management als Führungsinstrument.

Wir sind damit nicht am Ziel, aber wir sind in der richtigen Richtung unterwegs. Eine wichtige Aufgabe bleibt, die Mitarbeiter in den Fabriken zur Verbesserungsarbeit zu befähigen.

Bei SYNCHRO PLUS und Shopfloor Management kommt uns die Fähigkeit zugute, unsere Methoden immer wieder zu überdenken. Auch diese Anpassung bzw. Neujustierung des Instrumentariums gehört für uns zur Kontinuierlichen Verbesserung und damit zu SYNCHRO. So spielt seit geraumer Zeit das Führen mit Zielzuständen, das der Lean-Experte Mike Rother „Kata" nennt, eine zunehmend wichtige Rolle. Auf diese Weise stellen wir sicher, dass das für Verbesserungen notwendige Arbeiten in Routinen nicht zu einem leblosen „Dienst nach Vorschrift" erstarrt. Die Bereitschaft der Führungskräfte, das Shopfloor Management selbst zu verbessern und anzupassen, ist insgesamt groß, was für die Vitalität von SYNCHRO sehr hilfreich ist.

„Shopfloor Management war für uns ein Segen"
Eugen Göller, Werksleiter TRUMPF Laser GmbH, Schramberg

„Als ein wahrer Segen erwies sich für das TRUMPF-Werk Schramberg das Shopfloor Management. Wir gehörten zu den ersten Werken, in denen dieses Instrument mit Unterstützung einer externen Beratung eingeführt wurde. Nun arbeiten wir seit mittlerweile fünf Jahren damit und man kann sagen, dass Shopfloor Management zu einer eingeübten Routine geworden ist, die niemand mehr missen will.

Wir agieren hier nicht dogmatisch, sondern passen das Instrument an unsere Bedürfnisse an und entwickeln es ständig in kleinen Evolutionsschritten weiter. Mit der zunehmenden Routine im Umgang mit Problemlösungen, Ziclzuständen und Prozessverbesserungen geht den Mitarbeitern nicht nur das Shopfloor Management, sondern das gesamte SYNCHRO-Gedankengut in Fleisch und Blut über. Leicht zugespitzt kann man sagen, dass SYNCHRO in Schramberg zur DNA der Mitarbeiter gehört. Dies ist jedoch kein Selbstläufer, und es ist notwendig, dies sowohl neuen Mitarbeitern beizubringen als auch die erfahrenen Mitarbeiter weiter in dem Thema zu trainieren.

Mittlerweile wird uns auch von den SYNCHRO-Experten im Unternehmen, namentlich der SYNCHRO Consulting, attestiert, dass wir in Sachen Shopfloor Management zu den Vorreitern gehören. Danach hat es in der Vergangenheit nicht immer ausgesehen, doch haben wir unseren Weg beharrlich in kleinen Schritten verfolgt.

Insgesamt kam uns zugute, dass Shopfloor Management innerhalb der TRUMPF-Gruppe nicht stur nach ‚Schema F' ausgerollt wurde. Innerhalb eines gewissen gruppenweiten Standards hatte und hat jedes Werk den Spielraum, den es für seine spezifischen Rahmenbedingungen benötigt – was insbesondere Schramberg mit der Lasertechnik zugute kommt."

Erfolgsfaktoren der Veränderung

Um eine große Veränderung wie SYNCHRO erfolgreich bewältigen und schnell umsetzen zu können, müssen insbesondere die Mitarbeiter überzeugt und mitgenommen werden. Das mag wie eine Binsenweisheit klingen, ist aber fundamental wichtig

– und eine Aufgabe, die von der Führung aktiv vorangetrieben wird. TRUMPF hat als Familienunternehmen einen Vorteil, wenn jemand aus dem Kreis der Anteilseigner das Veränderungsthema zu seinem Thema macht. Wenn die Veränderung auf diese Weise vorangetrieben wird, kann niemand damit rechnen, das Thema aussitzen zu können, bis der nächste Manager mit dem nächsten Thema kommt. SYNCHRO war von Anfang an mein Thema, ist das noch heute und wird es auch in Zukunft noch sein.

„Die Erfolgsgeschichte muss weitergehen"
Thomas Saiko, Werksleiter TRUMPF Maschinen Austria, Pasching

„Obwohl wir als Lean-Spezialisten den Blick gerne auf die Mängel richten, lässt sich doch sagen, dass TRUMPF zu den wenigen Unternehmen gehört, die das Thema langfristig erfolgreich vorangetrieben haben. Dazu gehört, Rückschläge zu verarbeiten und aus ihnen zu lernen.

Ein wichtiger Teil der Erfolgsgeschichte ist, dass SYNCHRO in der Geschäftsleitung verankert war und von dort aktiv betrieben wurde. TRUMPF Austria hat über die lange Beschäftigung mit den Prinzipien große Stabilität erreicht. Es bleibt zu hoffen, dass die zwanzigjährige Erfolgsgeschichte auch über die kommenden 20 Jahre fortgeschrieben wird.

Eine Gefahr liegt darin, dass man SYNCHRO zu sehr durch die Kostenbrille betrachtet. Wir in Pasching konnten durch SYNCHRO bereits sehr schnell 20 Prozent mehr Maschinen produzieren, was das Wachstum erheblich voranbrachte. SYNCHRO zielt ja darauf, Geschwindigkeit, Qualität und Performance zu steigern. Die dadurch gewonnenen Marktanteile werden vom Controlling gar nicht betrachtet.

Aus dieser Sicht ist und bleibt SYNCHRO eine strategische Notwendigkeit – auch unter den Bedingungen eines zunehmenden Verdrängungswettbewerbs. Hier müssen wir in der Lage sein, eine hohe Vielfalt an Produkten in sehr guter Qualität herzustellen. Was sich nur auf Basis der SYNCHRO-Prinzipien wie Losgröße 1 beherrschen lässt. Insofern ist und bleibt SYNCHRO eine wichtige Basis unserer Zukunftsfähigkeit."

Kommunizieren und überzeugen

Kommunikation und Überzeugungsarbeit müssen entlang der Kaskade (von oben nach unten) erfolgen und alle Führungsebenen umfassen. Es nützt nichts, in der Mitte aufzuhören oder bestimmte Ebenen auszusparen. Das ist eine aufwändige Arbeit, muss aber geleistet werden. Wenn man hier Fehler macht, muss man diese im Nachhinein mit noch sehr viel größerem Aufwand reparieren. Je größer ein Veränderungsprogramm ist, umso anstrengender wird das Change Management. Bei einem unternehmensweiten Programm wie SYNCHRO, das zudem zeitlich nicht begrenzt ist, hört die Veränderungsarbeit eigentlich niemals auf.

Ein wichtiger Aspekt der Umsetzung ist, dass die Inhalte schnell von der Linie angenommen, verantwortet und gelebt werden. Hier achten wir darauf, dass kompetente Leute aus der Linie die inhaltliche Verantwortung für Workshops, Arbeitskreise und Projekte übernehmen. Die internen Berater und SYNCHRO-Spezialisten leisten hauptsächlich methodische Unterstützung, gehen bei der Veränderung aber nicht selbst in Führung.

Allgemein geht man davon aus, dass externer Druck die Umsetzung erleichtert, weil die Veränderung als notwendig verstanden wird. Hier hat man als Hersteller von Werkzeugmaschinen insofern einen Vorteil, als unsere Branche eigentlich immer unter Druck steht. Konjunkturelle Schwankungen schlagen sehr schnell und überproportional deutlich auf unser Geschäft durch. Dennoch darf man nicht müde werden, die Mitarbeiter über die Lage zu informieren. Wir verfolgen hier eine sehr offene Kommunikationspolitik, wovon das bereits zitierte Mitarbeitermagazin „impulse" Zeugnis ablegt.

Meldungen und Verlautbarungen können jedoch nur einen Teil der Überzeugungsarbeit leisten. Entscheidend ist die Tat. Hier helfen signifikante und erkennbare Umsetzungserfolge ganz enorm. Das Beispiel mit den Schneidköpfen oder die Erfolge in einzelnen Werken haben zu entscheidenden „Aha-Erlebnissen" geführt. Nicht zuletzt, weil wir regelmäßig darüber informiert haben. Motto: Tue Gutes und rede darüber.

Personalpolitische Grundsätze

Der wohl entscheidende Punkt aber ist, den Beteiligten Sicherheit zu geben. Angst und Sorge sind Gift für eine Veränderung und sei diese auch noch so notwendig. Hier sind wir sehr früh in Vorlage gegangen, indem wir kommuniziert haben, dass niemand durch SYNCHRO (und andere Programme) seinen Arbeitsplatz verliert. Wir haben das im Vertrauen auf unsere Innovationsfähigkeit und das langfristige Wachstum des Unternehmens so kommuniziert – und unsere Zusage bis zum heutigen Tage eingehalten.

Der Rahmen für diese Maßnahmen waren die von uns so genannten Personalpolitischen Grundsätze. Hier versuchten wir, unsere Aussagen so konkret und verständlich wie möglich zu formulieren: „Niemand verliert seinen Arbeitsplatz"; „Keiner verdient weniger"; „Jeder wird gemäß seiner Qualifikation eingesetzt oder entsprechend höher qualifiziert". Mit diesen Grundsätzen vermitteln wir, dass niemand den Ast absägt, auf dem er selbst sitzt – schon gar nicht durch eine aktive Beteiligung an SYNCHRO.

Wir halten auch für die in den kommenden Jahren anstehende Digitale Transformation an diesen Aussagen fest. Die Bedingung lautet, dass wir weiterhin um 10 Prozent im Jahr wachsen, was möglich ist, aber weiterer Anstrengungen bedarf. Die Digitalisierung wirkt sich teilweise dramatisch auf die Produktivität aus, in manchen Bereichen haben wir Steigerungen um über 100 Prozent. Um Freistellungen zu vermeiden und alternative Angebote zu schaffen, sind wir an anderer Stelle gezwungen, zu wachsen.

Stichwort Wachstum: Eines der großen Verdienste von SYNCHRO bestand in der Vergangenheit auch darin, dass wir durch die wesentlich bessere Effizienz bestimmte große Investitionen, beispielsweise in Gebäude oder Flächen, nicht leisten mussten. Das Wachstum konnte zu einem großen Teil innerhalb der bestehenden Infrastruktur bewältigt werden. Ein wirtschaftlicher Effekt, den man nur schwer beziffern, aber als langfristigen Erfolg verbuchen kann.

Aktuelle Entwicklungen zeigen, dass wir auch nach 20 Jahren SYNCHRO auf dem richtigen Weg sind. Dennoch gilt: Die Herausforderungen bleiben. Sowohl in technischer als auch in organisatorischer und wirtschaftlicher Hinsicht müssen wir in ständiger Bewegung bleiben.

Stillstand ist Rückschritt – ein etwas verbrauchtes Schlagwort, aber immer noch wahr.

1.3   Die weitere Entwicklung

Der Megatrend Digitalisierung

Unter Schlagworten wie „Industrie 4.0" oder „Digitale Transformation" rollt die nächste große Veränderungswelle auf die Unternehmen zu. Wie bereits kurz skizziert, lassen sich intern teilweise erhebliche Zugewinne erwarten, wenn man die Digitalisierung richtig handhabt. Eine wichtige Voraussetzung dafür heißt... SYNCHRO.

Eine schlanke Organisation ist die Basis für die Digitale Transformation. Das gilt nicht nur intern, sondern auch für den Einsatz unserer zunehmend digitalisierten Maschinen am Markt. So bieten wir auch unseren Kunden an, einen Lean-Fachmann und einen Digitalisierungs-Spezialisten vor Ort eine Analyse durchführen und die Umgebung auf optimale Einsatzbedingungen prüfen zu lassen.

Zumindest für die ersten Phasen der Digitalisierung sind die SYNCHRO-Prinzipien in einem engen Zusammenhang mit den weiteren Maßnahmen zu sehen. Ein schlechter, mit großer Verschwendung belasteter Prozess wird auch durch die Digitalisierung nicht besser. Im Gegenteil, man läuft Gefahr, neue Verschwendungsursachen oder zumindest Intransparenzen zu erzeugen, indem man komplexe Systeme über die Prozesse stülpt, ohne diese zuvor optimiert zu haben.

In einer weiteren Ausbaustufe kann es dann, richtig angefasst, dazu kommen, dass die Digitalisierung durch die Erhebung und Analyse der wiederum richtigen Daten die Transparenz deutlich erhöht. Was später auch Auswirkungen auf das Verständnis bestimmter Lean-Instrumente haben kann, die ja vor allem den Zweck verfolgen, Verschwendungsursachen sichtbar zu machen. Mehr hierüber in den nachfolgenden Kapiteln.

Meine Erfahrung lässt mich zu der Auffassung tendieren, dass wir auf diese teilweise Kompensation von SYNCHRO-Prinzipien durch digitale Systeme noch eine ganze Weile warten werden. Die Vorstellung, man könne komplexe Produktions- und Logistiksysteme komplett vom Rechner aus führen, hat schon vor Jahrzehnten in eine Entwicklungs-Sackgasse geführt. Unter dem Schlagwort CIM (Computer Integrated Manufacturing) wurde damals die Vorstellung menschenleerer Geisterfabriken propagiert – eine Vision (oder soll ich schreiben „Illusion"), die auch heute wieder populär ist.

In einer komplexen und dynamischen Fertigung wird es immer Situationen geben, in denen der Mensch jeder digitalen Maschine überlegen ist. Auch die Forschungen zur Künstlichen Intelligenz werden daran kurz- bis mittelfristig wenig ändern. Dies gilt vor allem dann, wenn es um situative Entscheidungen unter Unsicherheit oder um das Gespür für menschliche Emotionen geht. Diese originären Bestandteile von Führung werden, so hoffe und denke ich, niemals an Computer delegiert werden.

Nach wie vor halte ich es für den besseren Weg, ein System zunächst zu vereinfachen und dann zu digitalisieren. Der umgekehrte Weg wäre entweder sehr schwierig oder aus Aufwandsgründen kaum zu bewältigen.

Die Führung im Blick behalten

Ein großer Vorteil der Digitalisierung besteht darin, dass sie für größere Transparenz sorgen kann. Doch bergen bereits kleinere digitale Lösungen die Gefahr, dass Führung verwässert und auf lange Sicht erschwert wird. Das gilt insbesondere für die Digitalisierung des Shopfloor Management, das ja von seinem Charakter des Führens vor Ort lebt. Die Analyse der Kennzahlen sollte nicht von diesem Ort des Geschehens entkoppelt werden.

„SYNCHRO und Digitalisierung laufen parallel"
Steffen Braun, Werksleiter TRUMPF Hettingen

„Bei der Umsetzung von SYNCHRO-Prinzipien waren und sind wir in Hettingen sehr konsequent. Auf den Punkt gebracht, ist bei uns alles im Fluss. Die Identifikation geht so weit, dass die Mitarbeiter bei Neuprodukten darauf drängen, die Montage möglichst schnell zum Fließen zu bringen und auszutakten. Sie haben erkannt, dass dies ihre Arbeit stark erleichtert.

Gleichzeitig findet bei uns auch eine Digitale Transformation statt. In der spanenden Bearbeitung haben wir begonnen, Maschinen und Peripheriegeräte in einem System miteinander zu verknüpfen. Auch für die Montage sehe ich hier für die Zukunft Potenziale, namentlich was den Transfer von Informationen zwischen den Stationen betrifft.

Skeptisch bin ich dagegen, was die Digitalisierung des Shopfloor Management anbelangt. Wenn man sich nur noch durch Bildschirminhalte klickt oder wischt, geht das Verständnis für die Prozesse verloren. Natürlich ziehen wir die Daten aus einem System, doch sollten wir auf die persönliche Beschäftigung mit diesen Informationen keinesfalls verzichten – und sei es, indem wir sie auf eine Tafel schreiben. Wenn wir diese Form der Auswertung automatisieren und nur noch die Ergebnisse an die Wand projizieren, verliert das Shopfloor Management entscheidend an Qualität. Gleichzeitig ist die Verschwendung, die durch händische Aufbereitung entsteht, nicht so dramatisch, dass sie zwingend eliminiert werden müsste."

Zunächst spielt sich Digitalisierung bei TRUMPF schwerpunktmäßig an der Schnittstelle zu unseren Kunden ab. Diese erwarten die „cyber-physikalischen Systeme", die Industrie 4.0 zu einem großen Teil ausmachen – und sie werden diese Systeme von uns bekommen. Das betrifft auch die von uns gelieferte Software, die dazu beiträgt, die Geschäftsprozesse des Kunden miteinander zu vernetzen. Ferner betroffen sind Themen wie Fernwartung und Predictive Maintenance, wo wir als führender Maschinenanbieter deutlich Flagge zeigen und einen wesentlichen Teil zur Digitalisierung beitragen.

Auch intern haben die marktnahen Bereiche, was die Digitalisierung anbelangt, eine hohe Priorität. Hier können wir unsere Performance durch gezielten Systemeinsatz sicherlich steigern. Voraussetzung ist allerdings wiederum, dass Prozesse und Organisation befähigt werden. Dabei kommt eine neue Management-Welle auf uns zu, die heute unter der Bezeichnung „Agilität", „Agiles Management" oder schlicht „Agile" zunehmende Bekanntheit erlangt. Wir sind dabei, diese Strömungen aufzugreifen, ihren Nutzen zu verstehen und im Unternehmen dort umzusetzen, wo die entsprechenden Methoden Vorteile bringen.

Doch keine Sorge: Unsere Lösung wird nicht „agile statt lean" heißen, sondern „SYNCHRO plus AGILE". Dass wir uns auch hier bereits in Bewegung gesetzt haben, lesen Sie im Ausblick dieses Buches.

Kapitel 2:

Das Denkgebäude
Basis-Prinzipien und SYNCHRO-Haus

„Einer allgemeinen Definition zufolge ist Verschwendung das Gegenteil von Wertschöpfung. Wertschöpfung wiederum ist alles, wofür der Kunde bereit ist, zu zahlen.
Immer wieder wird versucht, Wertschöpfung über den Kundennutzen zu definieren. Da
Nutzen jedoch sehr individuell und subjektiv sein kann, hat sich dies als nicht tragfähig
erwiesen."

2.1 Der Weg zum SYNCHRO-Denken

Verstehen beginnt mit Erkennen

An dem Wort „Problem" scheiden sich die Geister. In der Umgangssprache ist der Begriff negativ aufgeladen: Wer ein Problem hat, hat schwere Sorgen. Andererseits bezeichnen manche Lean-Autoren, namentlich aus Japan, Probleme als „Schätze". Wir tendieren zur zweiten Ansicht. Nur selten verläuft der Arbeitsalltag in einem Unternehmen vollkommen störungsfrei. Probleme können zu jeder Zeit und an jedem Ort auftreten – und das ist gut so. Was sich paradox anhören mag, ist doch ein erster Schritt in die richtige Richtung. Verbesserung beginnt nämlich ganz lapidar damit, dass man *erkennt*, dass man ein Problem hat und wo dessen Ursachen liegen. Steht Material nicht auf den dafür vorgesehenen Flächen, kann es sein, dass der vorgelagerte Prozess zu früh oder mehr geliefert hat, als der nachgelagerte Prozess verarbeiten kann. Das wiederum kann an einer Push-Planung liegen, an einem unregelmäßigen Logistikzyklus oder an einem Leistungsverlust des Kundenprozesses. Wartezeiten von Mitarbeitern können auf technische oder logistische Störungen hinweisen oder einfach auf einen schlecht ausbalancierten Prozess. Auf den Punkt gebracht: Verbesserungen beginnen meist mit einem erkannten Problem.

In einem ersten Schritt geht es ganz allgemein darum, die Aufmerksamkeit für Probleme zu schärfen, diese zu erkennen, um dann auf die möglichen Ursachen schließen zu können. Erkennen kann man ein Problem nur, wenn man weiß, welcher Zustand gewünscht oder geplant ist. Im skizzierten Beispiel mit dem überflüssigen Material müsste man wissen, wie viel Material „richtig" wäre und wo dieses Material stehen sollte. Erst die augenscheinliche Abweichung von diesem Sollzustand macht auf das Problem „zu viel Material" aufmerksam.

Relativ einfach erkennbar sind die Probleme auch am Beispiel Projektmanagement. Hier werden in der Regel Zieltermine vereinbart, deren Überschreitung eindeutig signalisiert, dass eine Abweichung vorliegt. Und damit ein Problem. Ob dessen Ursache tatsächlich eine zu geringe Personalkapazität ist, ist hier zunächst sekundär und müsste eingehender untersucht werden. Wichtig ist, dass ein System existiert, das Abweichungen erkennbar macht und damit auf Probleme hinweist.

Dieses System muss nicht zwingend kompliziert sein, sondern kann auf einem relativ simplen Soll/Ist-Abgleich beruhen. Erst wenn ein Sollzustand definiert ist, kann man messen und erkennen, dass der Ist-Zustand von diesem Soll abweicht. Je besser das Soll definiert ist, desto leichter fällt das Erkennen und der Rückschluss auf die möglichen Ursachen.

Systemdenken im Lean Management

Bei einem Besuch des Toyota Motorenwerkes in Deeside, Wales, wird ersichtlich, worin der Kern des Toyota Produktionssystems liegt: Das System zielt darauf, Abweichungen sichtbar zu machen. Wir werden im Laufe des Buches noch häufiger an diesen Punkt anknüpfen und die methodischen Denkansätze immer wieder darauf zurückführen. Dies als Vorbemerkung.

Ein Schritt zurück

Um den gesamten SYNCHRO-Ansatz in seiner Bedeutung verstehen zu können, müssen wir einen Schritt zurückgehen und uns fragen, wofür oder für wen wir arbeiten. Wir leben und arbeiten in einem System, dessen Existenz darauf beruht, die Erwartungen und Bedürfnisse eines Kunden zu erfüllen. Der Kunde definiert (bewusst oder unbewusst) seine Erwartungen in dem Spannungsfeld zwischen Qualität, Kosten und Zeit. Heißt: Er will ein Produkt oder eine Leistung zu einem bestimmten Termin, zu einem bestimmten Preis und in der von ihm verlangten Qualität haben. Alle genannten Faktoren entspringen dem Wunsch des Kunden.

Grundsätzlich treffen diese Anforderungen nicht gleichmäßig, sondern schwankend auf unser System – Wünsche entstehen weitgehend ungeplant. Die Erfüllung der Kundenwünsche ist der eigentliche Zweck des Wertschöpfungssystems. Dieses System besteht gewöhnlich aus einem Prozess, also einem Ablauf, der einen Input in einen Output verwandelt. So lässt sich, sehr generisch, der Kern des Systems beschreiben. Zu diesem System gehören – neben den Prozessen – weitere Systembestandteile: Ein Führungssystem, ein Informationssystem, IT-Systeme, Ressourcen, etc. Vor allem aber beinhaltet das System die sich darin befindenden und agierenden Menschen.

Nun geht es wohl seit Anbeginn des wirtschaftlichen Treibens auf diesem Planeten darum, die oben genannten Anforderungen des Kunden möglichst *effektiv*, also den Erwartungen entsprechend zu erfüllen. Und das mit einem möglichst *effizienten* Mitteleinsatz, um die eigenen Ansprüche an die Rentabilität zu sichern. Welche Rolle die Rentabilität für die Überlebensfähigkeit eines Unternehmens hat, haben wir im ersten Kapitel dieses Buches erörtert.

Zur Rolle und Funktion von Puffern

Um das Bild abzurunden, können wir den Systemgedanken an dieser Stelle um eine Komponente erweitern. Jedes System arbeitet mit einem Puffer, um die ungleichmäßig eintreffenden Kundenanforderungen vom System zu entkoppeln. Diese Puffer können in drei Dimensionen gestaltet werden: in Zeit, in Kapazität und in Bestand. Drei einfache Beispiele sollen hier genügen, um diese Puffermöglichkeiten zu beschreiben.

Eine einfache und naheliegende Möglichkeit zu puffern ist *Bestand*. Mit Beständen ist ein System in der Lage, einem Kunden auch bei stark schwankender Nachfrage einen Lieferservice von z.B. 24 Stunden zu garantieren. Die Schwankung wird vom System entkoppelt und über ein Fertigwarenlager abgepuffert. Das dahinterliegende System kann in Ruhe und Gleichmäßigkeit weiterarbeiten. Möglich ist das typischerweise bei Anbietern von Katalogware und Standardprodukten. Beispiele sind Hersteller von Elektrowerkzeugen, Steuerungsventilen, Reifen, etc. Bestandspuffer sind zudem typisch für die Nahrungsmittelindustrie: Supermärkte erfüllen diesen Zweck.

Die zweite und sehr häufig verwendete Möglichkeit, sein System gegen Schwankung zu puffern, ist die *Zeit*. Die Automobilindustrie, aber auch der Maschinenbau nutzen diese Möglichkeit, um dem Kunden seine individuellen Anforderungen in der Ausgestaltung seines Produktes zu erfüllen. Fertigware zu puffern, ist hier keine wirkliche Alternative. Also „glätten" die Produzenten über die Lieferzeit, indem sie Schwankungen durch variable Fristen ausgleichen. Das dahinterliegende System arbeitet gleichmäßig weiter.

Die dritte Möglichkeit ist die *Kapazität*. Um eine kurze Lieferzeit zu ermöglichen, ohne Bestände vorzuhalten, kann man entsprechend viel Kapazität in Anlagen, Maschinen und Mitarbeitern vorhalten. So kann man schnell auf die Veränderungen und Schwankungen der Nachfrage reagieren. Diese Option stellt mit Sicherheit die kostspieligste Alternative dar und wird dort eingesetzt, wo besonders teure und individuelle Lösungen gefragt sind und wo ein Abpuffern durch Bestände oder Zeit nicht möglich ist. Beispiele sind Notärzte und Krankenwagen, Boxenstopps in der Formel 1, aber auch die Gastronomie, wo man versucht, Kapazitäten an Nachfragespitzen auszurichten.

Der Vorteil an der Gestaltungsmöglichkeit „Puffer" ist, dass sich die drei skizzierten Möglichkeiten nicht ausschließen, sondern einander gut ergänzen. Auch wenn ein Element in einem Marktsegment dominant ist, können andere Elemente gestalterisch genutzt werden. Ein Maschinenbauer versucht zum Beispiel, den so genannten Variantenbestimmungspunkt so weit wie möglich in Richtung Kunde zu verschieben. Das ermöglicht ihm, kundenauftragsneutrale Baugruppen in Halbfertigwarenlägern vorzuhalten. Damit kann er zumindest einen Teil seiner Wertschöpfungskette über Bestände vom Markt entkoppeln. Gleichzeitig ist jeder Maschinenbauer bestrebt, seine Kapazitäten zu flexibilisieren, beispielsweise über flexible Arbeitszeiten oder den Einsatz von Leiharbeitern.

Das System beschreiben

Start jeder Bemühung um Lean Management sollte sein, das gesamte System einmal zu beschreiben. Also: die Kundenanforderungen zu definieren, den Output des Systems festzulegen, den Wertstrom oder Prozess aufzuzeichnen und die relevanten Inputgrößen zu bestimmen. Diese Übung bildet die Grundlage für zielorientierte Verbesserungsaktivitäten – und für die Etablierung eines Shopfloor Management-Systems. Genau an diesem Punkt erleben wir in der Praxis immer wieder eine Krux. Vor allem in den indirekten und nichtwertschöpfenden Bereichen scheitern viele Kollegen an dieser Aufgabe. Oftmals sind die Mitarbeiter nicht in der Lage, den Existenzgrund ihres Bereiches zu definieren, ihre Kunden und Kundenanforderungen zu spezifizieren und ihren Output zu beschreiben. Ist das jedoch nicht möglich, werden alle weiteren Anstrengungen zu Lean Management vergeblich sein. In den SYNCHRO-Trainings für Führungskräfte wird immer zu Beginn diese Aufgabe geübt. Was nicht selten, auch noch nach 20 Jahren SYNCHRO, zu einer gewissen Ernüchterung führt.

Nebenbei gesagt impliziert das Denken in Systemen auch, dass SYNCHRO immer Systemgestaltung bedeutet. Es beinhaltet keinesfalls nur die punktuelle Verbesserung von Einzelabläufen (Punkt-Kaizen), sondern muss in erster Linie darauf abzielen, ein ganzes System zielorientiert (also orientiert am Kunden) auszurichten und in diese Richtung kontinuierlich zu verbessern. Dabei wird eine zentrale Form der Darstellung im Laufe des Buches immer wieder genannt werden: Die Wertstromorientierung.

Abweichungen und Probleme

Fassen wir an dieser Stelle schon einmal zusammen: SYNCHRO zielt darauf ab, ein System so aufzustellen, dass es die Anforderungen der Kunden möglichst *effektiv* erfüllt und dabei den Mitteleinsatz möglichst *effizient* gestaltet. Um das System kontinuierlich in Richtung dieses Anspruchs entwickeln zu können, müssen Abweichungen sichtbar gemacht werden.

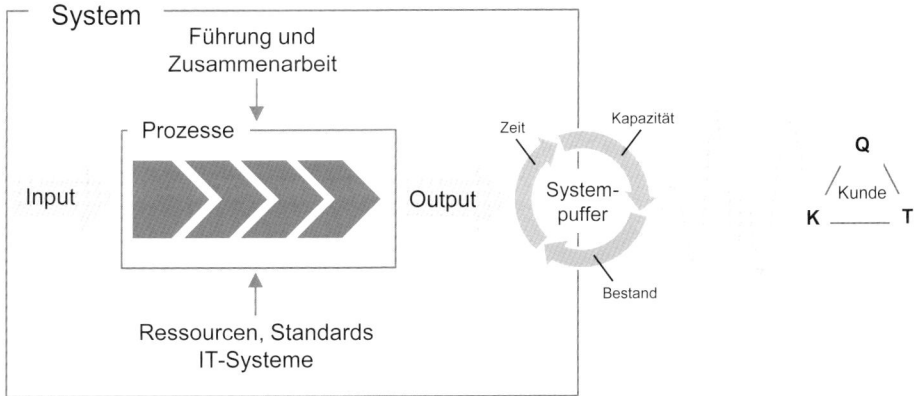

Bild 2-1: Das Wertschöpfungssystem schematisch

Die Arbeit an Verbesserung beginnt also mit der Suche nach Problemen. Und genau deshalb haben wir eingangs gesagt, dass Probleme auch etwas Gutes haben. Sie weisen auf Verschwendung hin – womit wir bei drei zentralen SYNCHRO-Begriffen angekommen sind: Muda, Mura und Muri.

Muda oder Verschwendung

Wie im ersten Kapitel gezeigt, liegt einer der Ursprünge von SYNCHRO oder Lean in Japan. Deshalb haben sich teilweise noch Begrifflichkeiten aus dem Japanischen gehalten, die nur holprig zu übersetzen sind. Einer dieser Begriffe ist „Muda", der für manche Ohren plakativer klingt als Verschwendung und sich als dominanter Begriff in der Lean-Welt weitgehend durchgesetzt hat.

Einer allgemeinen Definition zufolge ist Verschwendung das Gegenteil von Wertschöpfung. Wertschöpfung wiederum ist alles, wofür der Kunde bereit ist zu zahlen. Immer wieder wird versucht, Wertschöpfung über den Kundennutzen zu definieren. Da Nutzen jedoch sehr individuell und subjektiv sein kann, hat sich dies als nicht tragfähig erwiesen. Ein klassisches Beispiel ist das Over-Engineering technischer Produkte, die mannigfachen Nutzen bieten, der von den Kunden nicht erkannt oder kaum genutzt und deshalb nicht bezahlt wird. Hier bietet die Orientierung am Geldwert den objektiveren Maßstab. Nun könnte der Einwand kommen, ein indirekter Bereich wie die Personalabteilung habe ja gar keine Kunden. Diese Sicht ist etwas veraltet und (hoffentlich) nicht mehr sehr verbreitet. Kunden der Personalabteilung sind alle anderen Unternehmensbereiche, die von Dienstleistungen wie Personalsuche und -auswahl, Vertragsgestaltung oder ähnlichen profitieren. Und dafür über eine Kostenumlage bezahlen. Man glaube übrigens nicht, dass die Höhe dieser Umlage keiner Wertdiskussion unterliegt. Ähnliches gilt beispielsweise für die Qualitätssicherung. Solange deren Leistung erforderlich ist, wird die Produktion gerne dafür bezahlen. Nicht zuletzt, weil auch der Endkunde für hohe Qualität bezahlt. Lean-Puristen mögen dies in Teilen anders sehen – wir vertreten hier eine pragmatische und realistische Position.

Angelehnt an das Verständnis von Wertschöpfung versus Verschwendung lässt sich eine Betrachtung darüber anstellen, welche Anteile die jeweiligen Größen an unserer täglichen Arbeit haben. Bei Toyota geht man davon aus, dass nur zu 10 Prozent wertschöpfend gearbeitet wird (vgl. Bild 2-2). Zur Betonung: das ist nicht wissenschaftlich erwiesen und wir gehen davon aus, dass der wertschöpfende Anteil bei TRUMPF tendenziell höher liegt. Dennoch müssen auch wir damit leben, dass der größere Teil unserer Arbeit Verschwendung ist. Relativ gut erkennbar ist der vergleichsweise hohe Verschwendungsanteil in der Montage.

Wenn man eine typische Montageeinheit betrachtet, stellt man fest, dass nicht alle Mitarbeiter wirklich montieren, also direkt wertschöpfend arbeiten. Der Abteilungsleiter und seine Assistentin, QS- oder Logistik-Mitarbeiter gehen anderen Tätigkeiten nach. Diese sind zwar notwendig, müssen getan werden, tragen aber allenfalls mittelbar zum Wertzuwachs der Maschine bei. In diesem Zusammenhang spricht man von notwendiger Verschwendung. Über den Daumen gepeilt lässt sich deren Anteil auf 40 Prozent beziffern. Der ganze Rest, also bis zu 50 Prozent aller Tätigkeiten, sind vermeidbare Verschwendung und können bzw. müssen bekämpft werden.

Die tatsächlichen Dimensionen der Verschwendung lassen sich erahnen, wenn man die prozentualen Verhältnisse auch auf indirekte Unternehmensbereiche überträgt. Ein Vertriebsinnendienst, der täglich 80 Stunden arbeitet, verschwendet nach dem Toyota-Schlüssel nicht weniger als 72 Stunden, wovon 40 Stunden vermeidbar wären. Nun mag dies in Einzelfällen anders sein, als Anhaltspunkt ist die Größenordnung allemal tauglich.

In technischer Hinsicht wäre bei einer Verbindung durch Schrauben lediglich das letzte Drehmoment wirklich wertschöpfend. Bereits das Greifen, Zuführen und Drehen der Schraube ist nach der reinen Lehre Verschwendung, aber nach heutigem Stand der Technik notwendig.

Die Kunst der Provokation

An dieser Stelle sollte angemerkt werden, dass die oben skizzierte Sichtweise eine nicht ganz unbeabsichtigte Provokation darstellt. Vielen Menschen fällt es in ihrem normalen Sprachgebrauch schwer, etwas als Verschwendung anzusehen, das eigentlich notwendig ist. Viele meinen, es handle sich um eine unglückliche Wortwahl. Andere gehen noch weiter und halten den Ansatz für schlichtweg falsch: „Etwas, das notwendig ist, kann nicht Verschwendung sein."

Man kann diese Überlegung noch etwas weiter ausführen und ein Beispiel nennen, das uns bewusst machen soll, dass Dinge, die unter den aktuellen Bedingungen und dem Kenntnisstand der Technologie absolut notwendig sind, trotzdem Verschwendung darstellen können. Das einfachste Beispiel ist das Zerspanen eines Stückes Metall. Das Bohren eines Loches oder das Fräsen einer geometrischen Form sind in der Hinsicht wertschöpfend, als das Loch oder die Form genau das ist, was der Kunde als Endprodukt erwartet. Beim Zerspanen fallen (deswegen heißt es auch so) Metallspäne auf den Boden. Späne sind beim Einsatz dieser Technologie eine zwingende Konsequenz. Aber der Span, der auf den Boden fällt, ist Abfall. Oder mit einem anderen Wort gesagt: Verschwendung. An dieser Stelle erregen sich oftmals die Gemüter: „Aber es geht doch nicht anders. Deswegen kann es doch keine Verschwendung sein." Sicher? Wo ziehen wir die Grenze? Das Fräsen aus dem Vollen? Da fliegen ordentlich Späne. Das Fräsen eines Gussteils? Da fliegen schon weniger. Oder dann doch irgendwann kein „subtraktives" Verfahren wie das Zerspanen mehr, sondern ein „additives" wie beim 3D-Druck?

Da fliegen dann gar keine Späne mehr und wir verschwenden kein teures Material ...

Es geht uns nicht darum, eine akademische Diskussion zu gewinnen und im Detail zu definieren, was genau Verschwendung ist und wie viel Verschwendung in Summe in einem Unternehmen existiert. Es geht uns letztlich darum, bewusst zu machen, was *tatsächlich* wertschöpfend ist und womit sich ein Unternehmen in letzter Konsequenz beschäftigen muss.

Darüber hinaus geht es darum, für die Größenordnungen von Verschwendung und tatsächlicher Wertschöpfung zu sensibilisieren und dafür, wie lohnend die Jagd nach Verschwendung in den allermeisten Fällen ist. Wir können auf diese Weise erkennen, dass ein System auch nach über 20 Jahren Arbeit im Lean Management noch lange nicht „verschwendungsfrei" ist.

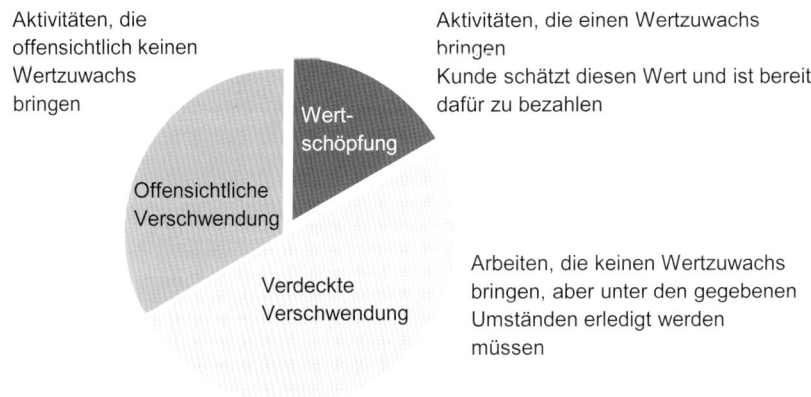

Bild 2-2: Verteilung von Wertschöpfung und Verschwendung

Muda, Mura, Muri

Der Begriff Muda steht in einem engen Zusammenhang mit zwei anderen, verwandten Begriffen, die aber bei der Diskussion fast immer außer Acht gelassen werden. Ursprünglich war immer ein begrifflicher Dreiklang angesprochen: Mura – Muri – Muda. Muda haben wir bereits erklärt, Mura ist die Ungleichmäßigkeit oder Schwankung, Muri steht für Überbelastung. Dieser grundlegende Punkt wird uns später noch ausführlicher beschäftigen, muss aber bereits hier zur Sprache gebracht werden. Schließlich geht es bei SYNCHRO zu einem wesentlichen Teil darum, Verschwendung (Muda) zu beseitigen, Schwankungen (Mura) zu glätten und Überlasten (Muri) zu vermeiden.

Doch zurück zu Muda, der Verschwendung. Nicht immer ist klar, was in den indirekten Bereichen eines Unternehmens damit eigentlich gemeint ist. Deshalb, zum besseren Verständnis, ein kurzer Überblick.

Arten der Verschwendung

Es ist nicht immer einfach, für die eigene Arbeit zu definieren, was tatsächlich Wertschöpfung und was Verschwendung ist. Aber es lohnt sich, darüber nachzudenken. Dabei ist ein strukturierender Ansatz hilfreich, der das Thema in sieben Verschwendungsarten unterteilt. Auch diese Unterteilung geht ursprünglich zurück auf Toyota und muss für direkte und indirekte Bereiche jeweils geringfügig modifiziert werden. Während in der Fabrik Überproduktion als Mutter der Verschwendung gilt, spricht man im Büro in diesem Zusammenhang von Überinformation.

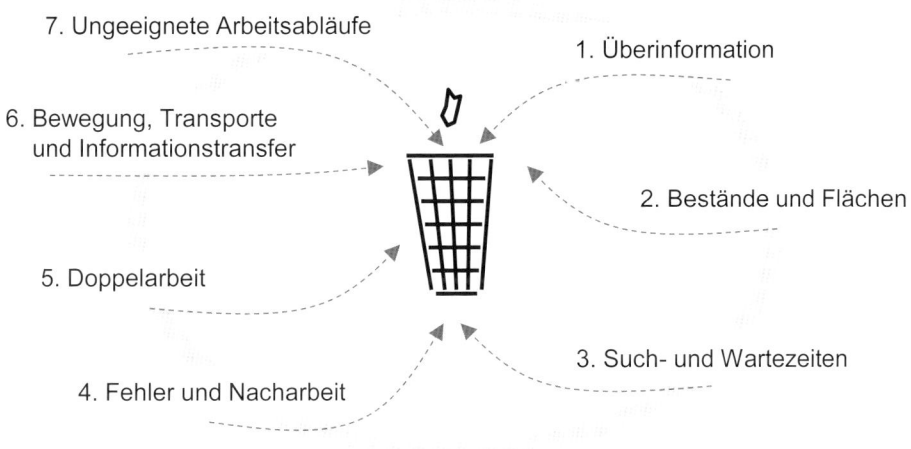

Bild 2-3: Die sieben Arten der Verschwendung (in indirekten Bereichen)

Überinformation

Office-Prozesse bearbeiten kein Material, sondern Information. In diesem Kontext fällt es vergleichsweise leicht, eine Leistung zu erstellen, für die es eigentlich gar keinen (oder noch keinen) Bedarf gibt. Dabei entsteht genauso Überinformation wie beim geballten Weiterleiten ganzer Informationsstapel, die beim Empfänger nur schwer verarbeitet werden können. Ein beliebtes Spiel sind auch E-Mails mit einer möglichst langen Liste an „cc-Adressen". Laut einer Umfrage des Handelsblatts verbringen europäische Manager bis zu zwei Stunden täglich mit dem Lesen und Bearbeiten von E-Mails, von denen sie 32 % als irrelevant bezeichnen (vgl. Laqua 2012).

Bestände und Flächen

Hier handelt es sich um ein typisches Produktionsthema – sollte man meinen. Aber auch auf Schreibtischen können sich Bestände häufen, werden freie Flächen knapp. Ein ständig voller Posteingang ist ein sicheres Indiz für suboptimale Prozesse, wie jede andere Art von Papierstapeln, die sich auf Schreibtischen, Fensterbrettern oder anderen improvisierten Ablageflächen türmen. Obwohl Ordnung und Sauberkeit in Büros schon vor Lean als wünschenswert galten, stapeln sich doch regelmäßig nicht genutzte Arbeitsmittel auf oder in den Schreibtischen. Und belegen Platz.

Mit Beständen in den administrativen Bereichen verhält es sich letztlich genauso wie mit Beständen in der Produktion. Sie erhöhen die Durchlaufzeit. Auch wenn sie teilweise physisch keinen Platz wegnehmen, sondern nur als Dateien die Outlook-Postfächer füllen, ist auch hier jede offene Aufgabe ein Teil einer Warteschlange, hinter der sich jede neue Aufgabe einreihen muss.

Im größeren Zusammenhang sind auch überdimensionierte Büroflächen oder schlecht geschnittene Büros Verschwendung, was man angesichts der gewerblichen Immobilienpreise leicht nachvollziehen kann.

Such- und Wartezeiten

Unpünktliches Erscheinen bei Besprechungen ist nicht nur unhöflich, sondern verschwendet auch die Zeit der Wartenden. Gleiches gilt für verzögertes Antwortverhalten oder das Vorenthalten wichtiger Informationen. Auch das Warten auf eine notwendige Unterschrift kann als Verschwendung interpretiert werden.

Ordnung ist das halbe Leben. Und mangelnde Ordnung führt zu überflüssigem Suchen – nach Vorgängen, Akten, Hilfsmitteln, Ansprechpartnern, Dateien. Verschwendung lauert überall. Selbst beim Warten, bis der Computer endlich hochgefahren ist ...

Fehler und Nacharbeit

Effiziente Informationsweitergabe ist ein schwieriges Geschäft. Oftmals kommen falsche oder unvollständige Unterlagen beim Empfänger an, der dadurch zum Nachhaken gezwungen wird. Eingabefehler und ständig geänderte Dokumente führen zu Korrektur- und Wiederholschleifen, woran unter Umständen die unzureichende Qualifikation von Mitarbeitern schuld ist. Tatsächlich wird unzureichende oder falsch eingesetzte Qualifikation oftmals als eine achte Verschwendungsart definiert – in indirekten und direkten Bereichen gleichermaßen.

Doppelarbeit

Verschwendung durch Doppelarbeit ist meist ein Führungsthema. Wenn Aufgaben nicht eindeutig delegiert werden, kann es passieren, dass sich mehrere Leute parallel mit der gleichen Aufgabe befassen. Und unterschiedliche Lösungen erstellen, die wiederum zu überflüssigen Kontrollschleifen führen.

Bewegung, Transporte und Informationstransfer

„Unser Meeting findet heute im Vertriebsgebäude statt." Anordnungen dieser Art können zu einem regelrechten Besprechungstourismus führen, bei dem einzelne Teilnehmer lange Fußmärsche auf sich nehmen müssen, um an den Ort des Geschehens zu kommen. Verschwendung.

Obwohl der Bürobote heute in den meisten Betrieben ausgemustert ist, rollt doch über viele Flure noch immer ein Transportwagen mit Ordnern und Akten. Eine Verschwendungsart, die auch im papierlosen Büro noch vorkommt, wenn der Transfer von Dateien zwischen einzelnen Systemen erschwert oder umständlich ist.

Ungeeignete Arbeitsabläufe

Die Verschwendungsart der ungeeigneten Arbeitsabläufe leitet sich im Produktionsumfeld von der „Verschwendung im Prozess" ab. Damit ist, einfach ausgedrückt, das „Overprocessing" und das „Underprocessing" gemeint. Zur Erläuterung: Man betreibt eine Form der Verschwendung, wenn man einen Prozess oder eine Technologie auswählt, die entweder deutlich überdimensioniert ist – oder eben nicht ausreichend dimensioniert, um die Anforderungen zu erfüllen. So kann man ein einfaches Loch in ein Werkstück entweder mit einer Ultrapräzisionsmaschine bohren oder mit einer Handkurbel. Beide Optionen stellen eine Verschwendung im Prozess dar, da die Ultrapräzisionsmaschine überdimensioniert ist, die Handkurbel aber nicht ausreichend.

In den produktionsfernen, indirekten Bereichen ist diese Form der Verschwendung noch viel weiter verbreitet und auch schwerer zu erkennen. In den direkten Bereichen werden bei Investitionen und beim Design von Prozessen aufwändige ROI-Rechnungen (ROI = Return on Invest) aufgesetzt. Produktionsplaner versuchen, die Weichen für eine möglichst kostengünstige Herstellung eines Produktes zu stellen. Dabei wird stark darauf geachtet, dass der Prozess nicht zu aufwändig und überdimensioniert ist. Dazu gehört der passende Grad an Automatisierung und Technisierung.

In indirekten Bereichen, wo durchaus auch Technologie eingesetzt wird, um Prozesse zu begleiten, stehen meistens keine ROI-Rechnungen an, es werden keine Produktivitätskennzahlen erhoben und es existieren keine Produkte, auf die Kosten

verteilt werden können. Es ist somit weitaus schwieriger, das richtige Maß an Technologie auszuwählen und die richtige Kosten-Nutzen-Balance einzuhalten. Aus diversen
Studien ist zum Beispiel bekannt, dass SAP-Einführungen im Mittelstand einerseits
sehr kostspielig sind, aber weder Praxis noch Wissenschaft eine geeignete Antwort
gefunden haben, den Nutzen des Systems adäquat zu messen. Eine ähnliche Gefahr
lauert aktuell im Rahmen der Digitalisierungswelle – Verschwendung ist fast schon
vorprogrammiert.

Bei sich selbst beginnen

Man erkennt unschwer, dass es auch in indirekten Bereichen lohnende Beute für die
Verschwendungsjagd gibt. Allerdings wird bei der Suche nach Verschwendung ein
Fehler immer wieder gemacht. Man sucht nicht bei sich selbst, sondern bei den anderen. Dies mag menschlich verständlich sein, führt aber nicht zum Ziel. Auch hier gilt:
Selbsterkenntnis ist der erste Weg zur (Ver-) Besserung. Wirklich verbessern kann man
nur die eigenen Prozesse, den eigenen Arbeitsbereich – und sollte sich demzufolge
auch darauf konzentrieren.

Ein gemeinsames Bild entwerfen

Fassen wir zusammen: Das Ziel von SYNCHRO ist, das Wertschöpfungssystem bestmöglich auf die Kundenanforderungen auszurichten. Haben wir ferner verstanden, dass
es ein probates Mittel ist, die Verschwendung – also alle Tätigkeiten, die nicht unmittelbar der Wertschöpfung dienen – zu identifizieren, zu eliminieren oder mindestens zu
reduzieren, dann stellt sich nunmehr die Frage nach dem „Wie?"

Wie muss ein System gestaltet sein, damit es schlank ist, damit es verschwendungs-
arm ist, damit es die Kundenanforderungen bestmöglich erfüllt? Welche Prinzipien,
welche Methoden, welche Denkweisen liegen dem zugrunde?

SYNCHRO als System soll genau diese Fragen beantworten. SYNCHRO bietet uns
einen Rahmen an Gestaltungsprinzipien, um unser System in die richtige Richtung
zu entwickeln. Das System ist niedergeschrieben und kodifiziert, um in einem Unternehmen von mehr als 11.000 Mitarbeitern mit hoher Diversifikation ein gemeinsames
Verständnis zu haben und eine gemeinsame Sprache zu sprechen. Verbunden mit der
Möglichkeit, dieses System und dieses Verständnis kontinuierlich weiterzuentwickeln.
Gemeinsam.